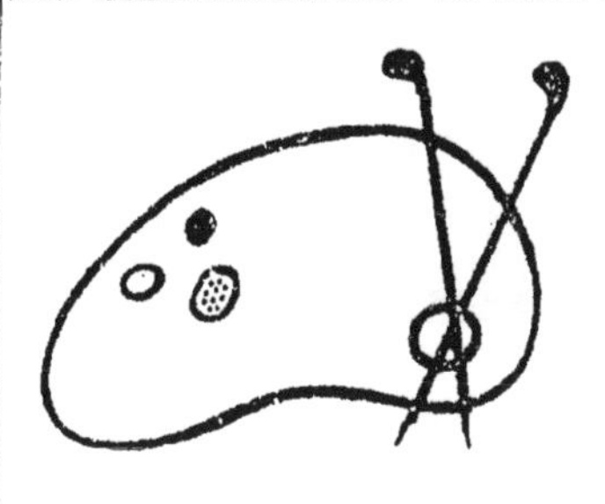

Début d'une série de documents
en couleur

N° 107 Prix : 10 centimes.



# LE LIVRE POUR TOUS

MILLE ET UN MANUELS POPULAIRES

*SCIENCE*

# LES MOTEURS HYDRAULIQUES

TOME I.

L. BOULANGER, éditeur, 90, boul. Montparnasse, PARIS.

# LE LIVRE POUR TOUS

## POUR PARAITRE

101. **Politique** : J.-J. Rousseau. *Le contrat social.*
102. **Politique** : Mirabeau. *Opinions et discours.*
103. **Physique** : *Les machines électriques*, tome I.
104. **Physique** : *Les machines électriques*, tome II.
105. **Littérature** : Danton. *Discours.*
106. **Littérature** : Désaugiers. *Chansons.*
107. **Science** : *Les moteurs hydrauliques*, tome I.
108. **Science** : *Les moteurs hydrauliques*, tome II.
109. **Littérature** : Racine. *Les Plaideurs.*
110. **Littérature** : Voltaire. *Candide.*
111. **Littérature** : Voltaire. *Candide.*
112. **Littérature** : J.-J. Rousseau. *L'enfance.*
113. **Littérature** : Diderot. *Ce n'est pas un conte.*
114. **Littérature** : Thiers. *Le 18 mars.*
115. **Littérature** : Barbès. *Deux jours de condamnation à mort.*
116. **Littérature** : Diderot. *Les deux moines.*
117. **Littérature** : Beaumarchais. *Le mariage de Figaro*, tome I.
118. **Littérature** : Beaumarchais. *Le mariage de Figaro*, tome II.
119. **Littérature** : Beaumarchais. *Le mariage de Figaro*, tome III.
120. **Littérature** : Lamenais. *Le livre du peuple.*
121. **Littérature** : X. de Maistre. *La jeune Sibérienne*, tome I.
122. **Littérature** : X. de Maistre. *La jeune Sibérienne*, tome II.
123. **Littérature** : Longus. *Daphnis et Chloé*, tome I.
124. **Littérature** : Longus. *Daphnis et Chloé*, tome II.
125. **Littérature** : Longus. *Daphnis et Chloé*, tome III.
126. **Littérature** : Voltaire. *Poésies.*
127. **Littérature** : Corneille. *Le menteur*, tome I.
128. **Littérature** : Corneille. *Le menteur*, tome II.
129. **Littérature** : Rabelais. *Gargantua*, tome I.
130. **Littérature** : Rabelais. *Gargantua*, tome II.
131. **Littérature** : Rabelais. *Gargantua*, tome III.
132. **Littérature** : Camille Desmoulins. *La Lanterne.*
133. **Littérature** : Carnot. *La révolution française.*

Les nécessités du tirage peuvent amener quelques modifications à cette liste. Les 50 volumes suivants seront publiés ultérieurement. La collection comprendra tout ce qu'il est utile de savoir. — Chaque mois le dernier volume de la dizaine parue porte la liste de la dizaine à paraître. — Il parait deux volumes par semaine, le jeudi et le dimanche. — Les dix premiers volumes sont envoyés *franco* moyennant **1 fr. 25** à toute personne qui en fait la demande.

Les personnes qui nous demanderont les dix premiers volumes recevront, à titre de **prime**, un *élégant cartonnage* permettant de lire chaque volume sans le froisser. S'adresser chez l'éditeur. — On peut s'abonner soit chez l'éditeur, soit chez les libraires et marchands de journaux.

Ces volumes se trouvent chez tous les libraires au prix de **10** centimes chacun.

Dans le cas où on ne pourrait se les procurer, l'éditeur reçoit des abonnements au prix de **1 fr. 25** la série de 10 et de **6** francs la série de 50 volumes.

Ces prix comprennent le port. Dans ce cas les volumes sont expédiés **2 à la fois** le samedi de chaque semaine. — Les volumes parus peuvent toujours être fournis d'un seul coup et immédiatement.

**10 centimes le numéro.**

# LE LIVRE POUR TOUS

**Aujourd'hui un livre, quel qu'il soit, ne peut compter sur un grand succès durable que s'il est tellement *bon marché* que tout le monde puisse l'acheter sans compter, s'il est *tellement intéressant* et utile, que tout le monde dise : « *Je veux le lire, l'avoir et le garder.* »**

Or il n'y a pas de livres d'un intérêt plus réel, d'une utilité plus pratique et plus constante que ceux qui fournissent des *renseignements précis et complets* sur ce que tout le monde veut savoir et doit connaître.

Mais ces livres d'information et de référence ne sont vraiment bons qu'à la condition d'être des guides toujours sûrs, des conseillers toujours prêts à répondre exactement aux nombreuses questions que l'on a sans cesse à résoudre. Ils doivent être méthodiques, exacts, clairs, faciles à manier, commodes à emporter partout avec soi. Ils doivent en outre constituer dans leur ensemble la meilleure et la plus parfaite des encyclopédies; et en même temps chacune de leurs parties doit former un tout distinct, de telle sorte que celui qui veut se contenter de cette partie unique y trouve tout ce dont il a besoin.

Un dictionnaire ne peut réunir ces avantages : s'il est volumineux, il est cher et par conséquent pas à la portée de tous; s'il est petit, il est restreint, et les articles en sont nécessairement écourtés, incomplets. De plus le dictionnaire renvoie d'un mot à l'autre, il ne peut se lire à la suite, il contient des redites. Les manuels, les traités sont évidemment plus utiles, mais ils sont d'ordinaire d'un prix élevé, surtout quand il s'agit de questions spéciales ou scientifiques ou techniques.

Nous avons pensé qu'il restait à créer une collection réunissant, à la fois, l'utilité des dictionnaires et celle des manuels, et d'un prix si minime que tout le monde puisse se la procurer.

Nous avons donné à cette collection un titre général disant d'un mot ce qu'elle est :

**Le Livre pour tous**, c'est-à-dire le livre indispensable à tout le monde, le livre auquel on doit avoir recours en toute occasion et qui mérite toute confiance.

**Le Livre pour tous** donne à tous les connaissances nécessaires à tous. Il est le vade-mecum de toute instruction pratique, le répertoire de toutes les sciences usuelles.

**Le Livre pour tous** est le livre de tous ceux qui travaillent, qui étudient, qui s'informent, qui veulent s'éclairer, c'est-à-dire tout le monde.

Ce qui distingue notre collection de toutes celles que l'on a publiées dans le même genre et ce qui fait sa supériorité sur toutes les compilations adressées aux lecteurs sous prétexte de vulgarisation, ce qui doit lui donner la préférence sur les dictionnaires et les manuels, c'est, nous le répétons :

1° Le *bon marché.* — Chacun de nos volumes ne coûte que 10 centimes, et contient comme texte le tiers d'un volume ordinaire de 300 pages vendu 3 fr. 50 et même de 4 à 6 francs.

2° *L'abondance et l'exactitude des renseignements.* — Chacun de nos volumes est rédigé avec le plus grand soin par des auteurs compétents d'après les travaux les plus récents et les plus autorisés.

3° La *commodité du format.* — Chacun de nos volumes peut facilement tenir dans la poche, on peut l'emporter avec soi à la promenade, le lire en voiture, en omnibus, en chemin de fer.

4° La *clarté du texte.* — Les volumes sont imprimés en caractères neufs, lisibles sans fatigue, et les matières sont disposées de telle sorte que d'un coup d'œil on trouve ce que l'on cherche.

5° La *valeur documentaire.* — Chaque volume forme un tout ; mais l'ensemble des volumes forme une encyclopédie. Dans chaque volume, chaque sujet est traité à fond. De plus chaque volume est accompagné de documents, de tables de références, de tables statistiques, etc., qui sont d'un usage précieux.

Il suffit d'avoir sous les yeux un seul de nos volumes pour se rendre compte de l'importance de notre collection et des services qu'elle rend.

Tous les volumes de la collection sont rédigés avec le même soin, d'après la même méthode et dans le même but d'utilité.

*N. B.* **Le Livre pour tous** *peut être mis dans toutes les mains. C'est la meilleure récompense à donner aux élèves dans toutes les écoles. C'est la collection la plus utile à tout le monde.*

L'éditeur-gérant : L. BOULANGER.

Sceaux. — Imp. Charaire et Cie.

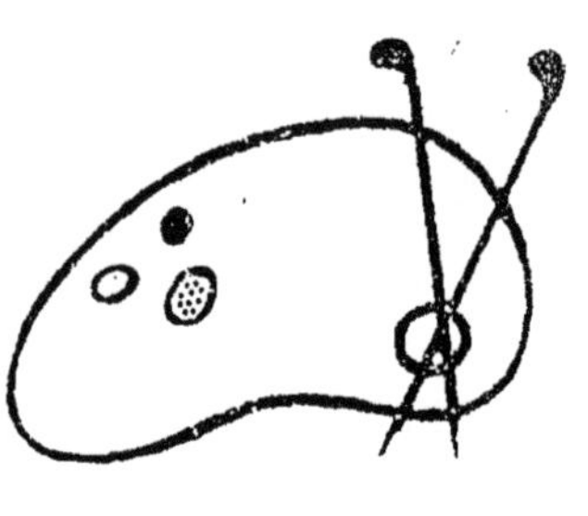

Fin d'une série de documents
en couleur

LES

# MOTEURS HYDRAULIQUES

---

TOME I

107

# LES MOTEURS HYDRAULIQUES

## LES ROUES

Il faut remonter bien haut pour trouver l'origine des moteurs hydrauliques ; car il est certain que sitôt qu'on s'est aperçu que le courant d'un ruisseau avait une force, on a dû songer à utiliser les chutes d'eau pour faire tourner des roues. Ce qui est la manifestation la plus élémentaire du moteur hydraulique, l'eau n'imprimant une force que lorsqu'elle est entraînée par son poids, d'un point élevé à un autre, qui lui est inférieur.

La pesanteur étant son principe d'action, elle a d'autant plus de force que la hauteur dont elle descend est plus grande et qu'elle agit en plus grande quantité à la fois.

C'est ce que comprirent très bien les anciens, qui utilisèrent d'abord les cascades et les grands cours d'eau, qu'ils détournèrent en partie, pour alimenter leurs moulins.

Mais il n'y avait pas de cascades partout, et il n'était pas toujours possible de pratiquer des conduits, il fallait trouver autre chose, c'est-à-dire un moyen d'élever l'eau pour la faire retomber ensuite. Nous avons, nous, les roues, les pompes et les turbines, dont nous parlerons tout à l'heure; les anciens employaient d'autres systèmes. Ils étaient bien capables d'invention, et la preuve, c'est qu'ils avaient des pendules hydrauliques, et à une époque qui devait être si reculée, dans les pays de civilisation, que César en trouva dans la

Grande-Bretagne, une des contrées les plus barbares à cette époque.

Mais l'étude de leurs machines, si ingénieuses qu'elles soient, ne serait que de la curiosité et en quelque sorte de la science de laboratoire. Comme nous ne faisons ici que de la science pratique occupons-nous seulement des moteurs industriels auxquels nous consacrerons deux petits volumes. Celui-ci pour les roues hydrauliques, le suivant pour les turbines.

## ROUES HYDRAULIQUES

Les roues hydrauliques sont les récepteurs en usage pour recueillir et transformer en travail utile, la force vive des eaux courantes.

Bien que remplissant le but pour lequel elles sont créées, d'une façon très simple et très économique, on les emploie de moins en moins depuis l'invention de la vapeur, surtout dans la grande industrie : d'abord parce qu'on ne peut utiliser que les petits cours d'eau qui ne donnent pas une force suffisante pour le travail d'une usine considérable, ensuite parce que les cours d'eau sont suceptibles de se tarir par les sécheresses ou de déborder après les grandes pluies, ce qui causerait des chômages désastreux, partout où il s'agit d'actionner des machines-outils, en nombre considérable.

Néanmoins ces moteurs sont encore communs, mais seulement pour les usines où le personnel est assez restreint et où l'on n'a pas besoin d'une grande force initiale.

Comme on le pense bien, les roues hydrauliques ont été notablement modifiées, perfectionnées depuis leur origine. Cependant elles ne se distinguent, pour les roues verticales, qu'en cinq espèces : roues à ailes, roues en dessous, roues en dessus, roues de côté et roues à aubes courbes.

Et, pour les roues horizontales, qu'en deux sortes : roues

Mécanisme des vannes.

à cuillers et roues à cuves, sans compter, bien entendu, les turbines que nous étudierons spécialement.

Passons-les succinctement en revue.

### ROUES PENDANTES

Les *roues à ailes*, qu'on appelle aussi *roues pendantes*, sont vraisemblablement les plus anciennes, parce qu'elles sont les plus simples.

Dans le principe, on les disposait sous les chutes d'eau dont elles recevaient d'autant mieux l'impulsion qu'elles n'ont pas de jante et ne se composent, en somme que d'un nombre plus ou moins grand de rayons fixés à égale distance sur le moyeu et terminés par des palettes.

Aujourd'hui on les monte, soit sur un bateau amarré au milieu d'une rivière et dont le fond porte une ouverture pratiquée pour laisser passer les palettes, soit entre deux bateaux solidement amarrés l'un à l'autre, soit encore sur une charpente établie non loin du bord; mais dans ce cas il faut qu'elles soient installées de telle sorte qu'on puisse les abaisser ou les élever selon les variations du niveau de l'eau; car, pour qu'elles produisent leur effet utile, il faut que leurs palettes, dont la hauteur doit être environ le cinquième du rayon qui les porte, soient toujours immergées dans le courant.

Le système le meilleur pour cela est la colonne mobile, inventée en 1832 par M. Cartier, qui permet de soulever ou de baisser l'arbre vertical sans déranger la roue horizontale ni aucun des engrenages qu'elle commande.

Voici, d'après M. Armengaud aîné, comment le mécanisme général est disposé :

« La roue pendante se compose de 16 palettes droites, en bois d'orme boulonnées sur des bras en chêne, lesquels sont assemblés avec des manchons ou tourteaux de fonte et retenus solidement par des boulons.

« Pour mobiliser cette roue, on dispose vers les extrémités des deux pièces de charpente, sur lesquelles reposent ses tourillons, de forts vérins ou vis verticales, à l'aide desquels on peut soulever des charges considérables.

« A l'une des extrémités de son arbre s'ajuste une roue d'angle, qui engrène avec un pignon d'angle en fonte, auquel

Roue pendante à colonne mobile (système Cartier).

elle transmet une vitesse de rotation trois fois plus grande que celle qu'elle reçoit. Ce pignon est monté sur un arbre vertical en bois, qui est aussi fretté à chaque bout.

« Lorsqu'on soulève ou lorsqu'on baisse la roue hydraulique, on lève et on baisse en même temps l'arbre vertical et tout ce qu'il porte; il en résulte que le pignon d'angle reste toujours engrené avec la roue qu'il commande.

« Au-dessus du premier plancher que l'arbre vertical traverse, est placée une plate-forme circulaire en fonte, qui, à son intérieur et de distance en distance, renferme des platines ou coussinets de bronze, lesquels sont pressés contre la circonférence d'une large colonne verticale de fonte, pour maintenir cette colonne, en lui permettant de tourner avec l'arbre qui la traverse dans toute sa hauteur.

« Un plateau de fonte est aussi appliqué sous le deuxième plancher, et porte des coussinets semblables, pour embrasser et retenir la colonne dans sa partie supérieure.

« Or vers le milieu de cette colonne, est ajustée une roue droite horizontale, qui est destinée à commander les pignons des meules; c'est cette roue qui dans les anciens moulins, se trouve directement attachée sur l'arbre vertical. Par l'application de la colonne mobile, on voit qu'elle doit rester constamment engrenée avec la roue qu'elle commande, sans être obligée de les déranger ni l'une ni l'autre.

« En effet, les deux bases de la colonne sont percées de deux ouvertures carrées qui correspondent exactement à la section de l'arbre; elles laissent donc passer celui-ci et lui permettent de monter ou de descendre, sans qu'il oblige la colonne à suivre sa marche rectiligne; il ne fait que l'entraîner dans son mouvement de rotation.

« Mais pour que cette colonne, qui supporte une charge assez considérable, puisqu'à son propre poids il faut ajouter celui de la roue horizontale, se trouve suffisamment soutenue et qu'elle puisse tourner avec facilité, le constructeur a disposé à sa base un système de galets coniques en fonte tournés avec soin et fixés sur des tourillons d'acier, lesquels sont portés, d'une part par un cercle intérieur de fer, et de l'autre par des poulies à vis taraudées dans le cercle intérieur. Ces galets tournent librement sur la partie tournée conique de la plate-forme, et la base élargie de la colonne repose et tourne à son tour sur eux; le frottement est ainsi très doux et très régulier. »

Les roues pendantes, même modifiées ainsi, sont celles qui coûtent le moins à établir, mais leur emploi est très limité; car, n'absorbant qu'une fraction presque insignifiante de la force vive de l'eau, on ne peut les utiliser que pour des travaux ne demandant que très peu de puissance.

## ROUES EN DESSOUS

Les *roues en dessous*, ainsi nommées parce que, placées dans un canal rectiligne, elles sont mues par l'eau agissant

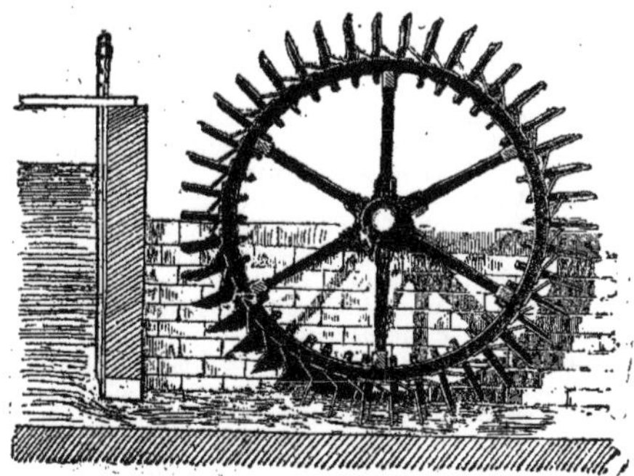

Roue en dessous.

par choc à leur partie inférieure, sont très probablement une invention des Romains, qui les employaient très fréquemment, et les firent connaître à tous les peuples placés successivement sous leur domination.

Ce sont celles qui servent le plus communément aujourd'hui à la meunerie.

Leur établissement, sur un cours d'eau, nécessite certains

travaux de construction ; il faut d'abord canaliser ce cours d'eau, sur une longueur au moins double de longueur d'action de la roue, c'est-à-dire circonscrire le courant entre deux murailles sur lesquelles s'appuieront les tourillons de l'axe de la roue hydraulique; puis, comme l'eau doit agir surtout par sa vitesse, puisque sa vitesse augmente son poids, on établit en amont de ce canal, un barrage destiné à relever le plus possible le niveau du cours d'eau, seul moyen, du reste, de créer des chutes d'eau artificielles.

Ce barrage se fait soit en charpentes ou en maçonnerie. On l'élève moins si l'eau doit agir par déversoir, c'est-à-dire passer par-dessus; un peu plus, comme dans le cas qui nous occupe, si elle doit s'épancher par en bas, par le soulèvement d'une vanne.

Ces vannes, cheville ouvrières du mécanisme, sont généralement en chêne et mobiles dans des glissières pratiquées aux poteaux en chêne qui les supportent.

Elles sont manœuvrées à leur partie supérieure, soit à l'aide d'une vis à double filet que l'on tourne avec une manivelle double, soit plus commodément par une crémaillère engrenant avec un pignon dont l'axe, portant un encliquetage pour maintenir la vanne parfaitement invariable à toutes les hauteurs, est muni d'une manivelle.

Cette vanne, le plus souvent verticale, mais quelquefois légèrement inclinée dans le sens du courant, laisse échapper l'eau par l'orifice qu'elle démasque au-dessus d'elle, et cette eau coulant avec une légère pente dans le canal, aussi rétréci que possible, qu'on appelle coursier, agit d'autant mieux sur la roue qu'on ne laisse un jeu que d'un ou de deux centimètres entre l'extrémité des palettes et le niveau du lit du coursier.

Le rendement moyen d'une roue en dessous est de 32 pour cent de la force vive; on peut le pousser jusqu'à 40, peut-être même à 45, en prenant diverses dispositions qui économisent les pertes par le jeu, comme de diminuer l'ouverture d'échappement de la vanne, rétrécir le coursier et lui donner un lit circulaire qui emboîte bien la roue, mais il n'y faut pas trop compter.

Ces roues, du reste, ne sont pas bonnes partout, et on ne les emploie guère que pour utiliser des chutes de 2 à 3 mètres au plus.

### ROUES EN DESSUS

Les *roues en dessus*, appelées aussi *roues à augets*, sont considérées généralement comme plus récentes que celles que nous venons d'étudier; mais c'est à tort, puisque nous avons vu qu'on les connaissait il y a deux mille ans. Si leur emploi s'est moins répandu, c'est qu'il n'est avantageux que dans un petit nombre de circonstances; car il faut une chute d'eau dont la hauteur soit au moins de 4 à 5 mètres, pour

Roue en dessus.

que la roue, dont le diamètre est forcément moindre, puisse produire une force utilisable.

La construction de ce moteur est assez économique,

puisqu'à la rigueur il n'est pas besoin de canaliser le bief inférieur et que la roue peut se composer tout simplement d'une jante, close latéralement et divisée en un grand nombre d'augets ou de godets ouverts à sa circonférence extérieure, et reliés à son axe par différents systèmes de bras ou de rayons, selon qu'on les fait en bois ou en fonte.

Avec ce système, l'eau qui coule à un niveau plus élevé que celui du sommet de la roue, est amenée dessus par un canal à peu près de même largeur que la roue, où elle coule librement, s'il s'agit d'une chute naturelle; on prend cependant l'habitude de la retenir, à une certaine distance de son point d'arrivée, par une vanne verticale qui permet d'en régler la dépense.

L'eau arrivant ainsi, un peu en aval du sommet de la roue, se loge dans les augets pratiqués à sa circonférence et, agissant par sa pesanteur, la fait tourner lentement mais très efficacement puisque le rendement du moteur peut aller jusqu'à 80 pour cent.

Mais à la condition d'opérer lentement, car dans les roues en dessus à grande vitesse, la force centrifuge chasse l'eau des augets avant qu'elle ait pu exercer toute son action.

Tout dépend, du reste, de la bonne construction de l'appareil, c'est-à-dire de la forme des augets, qui doit être étudiée de façon à faciliter l'introduction de l'eau, et à la retenir jusqu'à une petite distance du bief inférieur; on comprend facilement, du reste, que plus il y a d'augets de pleins, plus la roue acquiert de puissance, puisque c'est la seule pesanteur de l'eau qui la fait agir.

## ROUES DE CÔTÉ

Les *roues de côté*, inventées à la fin du siècle dernier par l'ingénieur anglais Smeaton, sont un perfectionnement des roues à augets, un moyen terme entre elles et les roues en dessus.

Dans ce système la roue est composée de plusieurs croisillons, montés sur le même arbre, auxquels se rattachent un certain nombre de palettes en bois de chêne fixées sur la circonférence, au moyen de bras ou de coyaux; elle est emboîtée aussi exactement et avec le moins de jeu que

Roue de côté.

possible, entre deux pans de murs verticaux et un coursier à lit circulaire.

Elle reçoit l'eau par un déversoir, à une hauteur, au-dessus du lit du bief inférieur, égale aux deux tiers de son rayon. Cette eau, détournée du bief supérieur par un conduit, dans lequel on dispose quelquefois une vanne pour en mieux proportionner le débit, arrive avec une vitesse très faible, s'emmagasine dans l'étroit canal réservé à la roue et se loge entre les palettes, généralement concaves, de la roue et la couronne cylindrique dans laquelle elles sont implantées, sans pénétrer dans l'intérieur de la roue, et agit dessus, par son seul poids, exactement comme dans la roue à augets.

Ce moteur doit tourner lentement, mais son rendement peut atteindre et quelquefois même dépasser 75 0/0.

## ROUES A AUBES COURBES

Les *roues à aubes courbes*, appelées plus communément roues à la Poncelet, du nom du général français qui les fit connaître vers 1825, sont un perfectionnement si capital des

Roue Poncelet.

roues en dessous qu'on peut les considérer comme une chose nouvelle.

Le système est bien le même ; seulement les dispositions prises, surtout pour éviter les déperditions, sont bien supérieures.

Ainsi, la distance de la roue à la vanne est réduite autant qu'il est possible, pour que l'eau dans l'intervalle ne perde presque rien de sa vitesse. A cet effet la vanne est assez inclinée pour que le courant à sa sortie n'éprouve pas de contraction sensible et que l'eau ne tourbillonne pas.

De plus, comme les niveaux sont susceptibles de s'élever au moment des crues, on a disposé au-dessus du seuil de la vanne une deuxième vanne qui peut démasquer quatre orifices pratiqués dans la paroi du vannage, et munis du côté de la roue, de directrices en tôle, qui permettent d'admettre l'eau sous les aubes dans un angle convenable et même, si l'on veut, de faire marcher la roue en déversoir.

Le coursier est d'abord incliné parallèlement au jeu de la roue, mais au delà de l'aplomb de la roue il accélère sa pente et fait même quelquefois un assez brusque ressaut, pour que l'eau s'écoule rapidement après avoir produit son effet utile, et ne cause pas de remous, comme cela arrive dans un coursier horizontal.

Quant à la roue, elle est d'une disposition spéciale; entièrement métallique, elle est formée de deux couronnes de fonte, composées chacune de huit segments sur la circonférence et boulonnées avec des croisillons calés sur l'arbre central, en fer, ce qui ne les empêche pas d'être encore réunis par des boulons entrecroisés, placés sur chacun des huit bras.

L'espace compris entre les deux couronnes superposées est divisé en 40 parties par des aubes en tôle, cintrées suivant un arc de cercle. Cette disposition, du reste, n'est pas absolue et l'on y supplée maintenant en augmentant le nombre des aubes et en leur donnant une inclinaison, formant avec la circonférence extérieure un angle assez petit pour que la vitesse de l'eau, à sa sortie, puisse être considérée comme de sens contraire à celle de la roue au point d'échappement.

Dernière observation : la largeur de la roue à la Poncelet est un peu plus grande que l'orifice par lequel l'eau arrive, et la capacité comprise entre deux aubes doit être égale à une fois et demie le volume d'eau qui y pénétrera.

C'est en suivant ces prescriptions de l'inventeur qu'on arrive à donner au moteur toute sa puissance, c'est-à-dire un rendement de 67 0/0, soit plus du double de celui de la roue en dessous.

Rendement relativement de beaucoup supérieur à ceux des roues des autres systèmes, à cause de la vitesse du moteur.

Tous ces systèmes, nous l'avons dit déjà, ont reçu depuis et reçoivent encore des modifications de détail qui sont des perfectionnements.

Nous n'entreprendrons point de les citer tous, il faudrait un volume pour cela, et il a eté fait, avec plus de compétence par M. Armengaud aîné. Nous parlerons seulement des plus connus.

## PERFECTIONNEMENTS DE LA ROUE PENDANTE

Les principaux perfectionnements apportés à la roue pendante, sont la roue suspendue de M. Fontaine et la roue flottante de l'ingénieur génevois Colladon.

**Roue flottante Colladon.**

La roue suspendue est encastrée dans un coursier mobile, qui peut être haussé ou baissé à volonté, selon que le niveau du cours d'eau change, à l'aide d'un mécanisme que notre gravure de la page 14 fera bien comprendre.

L'axe de la roue hydraulique est suspendu par deux fortes tringles filetées, dont l'extrémité supérieure s'ajuste à des roues dentées, qui forment écrous sur la traverse fixe de l'appareil, et que l'on peut faire tourner par des vis sans fin,

Roue de côté actionnant un moulin.

fixées sur le même axe, terminé par une roue à engrenage, qui commande tout le système, au moyen d'un pignon et d'une manivelle.

Les joues latérales de la roue sont formées de deux secteurs de fonte qui s'élèvent avec elle, entraînant le plancher du coursier qui l'emboîte, d'autant plus facilement qu'il est muni à ses extrémités de galets et peut glisser dans les coulisses ménagées dans le bâti.

Et pour que tout le poids de la roue ne porte pas sur les tiges de suspension, l'axe de la roue est muni d'un engrenage d'un diamètre assez grand pour engrener toujours avec le pignon, qui se trouve sur un axe intermédiaire fixe.

Deux fortes pièces de charpente, appliquées contre les murs et munies de glissières, servent, du reste, de guides aux deux extrémités de l'axe de la roue qui ne peut plus alors évoluer que verticalement.

Ce système permet d'utiliser des chutes d'eau de hauteur très variable, et l'application du coursier augmente si considérablement la puissance du moteur qu'il produit de 70 à 75 0/0 d'effet utile.

La *roue flottante* de M. Colladon produit un effet moindre, tout en parant aux inconvénients constatés dans les roues pendantes, par suite de la variation des niveaux; mais son installation est beaucoup plus économique, puisqu'elle peut se faire partout sans autre construction qu'un bâti en charpente pour fixer l'appareil. Encore n'est-il pas absolument indispensable, pouvant être remplacé par un amarrage au fond de la rivière, ou sur les berges, au moyen de chaines ou d'ancres.

Cet appareil se compose d'un tambour de tôle mince, garni extérieurement de palettes maintenues sur la circonférence extérieure par des cercles de fer plat.

Ce tambour est terminé à chaque extrémité par une calotte hémisphérique, dont le centre porte un plateau de fonte muni d'un tourillon, qui lui sert de point d'appui, sur les bras en fonte assemblés à rotation, à des axes horizontaux, fixés au bâti en charpente, établi sur le cours d'eau.

On comprend que la roue disposée ainsi tourne par l'effet

du courant; elle transmet son mouvement à l'arbre moteur par une série de trois roues à engrenage, fixées sur un des bras de soutien du tambour, formant à cet effet deux branches.

L'examen de notre dessin page 16 fera, du reste, bien comprendre le fonctionnement de l'appareil, que l'inventeur a complété par l'addition d'un coursier, qui a pour objet de maintenir les filets liquides au moment où ils agissent sur les aubes.

Ce coursier, qui doit être flottant comme le tambour et équilibré pour se tenir toujours au-dessous, est une sorte de caisse de même longueur, suspendue par des tringles aux tourillons du tambour et fixée à la charpente par d'autres tringles parallèles aux bras de la roue.

Il est divisé dans sa longueur en compartiments étanches, qui permettent de répartir à volonté les volumes d'air pour régler sa position horizontale ou au besoin le faire incliner dans un sens ou dans l'autre.

Avec ce moteur peu coûteux, comme on le voit, on obtient un rendement de 30 à 35 0/0. Mais il nous semble que, si l'on remplaçait les aubes planes du tambour par une hélice continue, on obtiendrait, en le plaçant dans le sens même du courant, une puissance motrice bien supérieure.

## PERFECTIONNEMENT DE LA ROUE DE COTÉ

Nous avons à citer dans ce chapitre : la *roue à niveau maintenu*, de M. Sagebien; la *roue à compartiments*, de M. Marozeau et la *roue à goître*, de l'ingénieur allemand Redtenbacher.

La *roue à niveau maintenu*, de M. Sagebien ne diffère des autres qu'en ce que les aubes plus nombreuses sont inclinées de façon à former avec le niveau de l'eau, au moment où elles s'y trouvent, un angle de 45°. Grâce à cette inclinaison, l'eau conserve son niveau sur l'aube qu'elle baigne à mesure qu'elle s'enfonce, et ne produit pas ce choc qui est une des causes de la déperdition de la force. Par suite, la roue ne possède qu'une faible vitesse à sa circonférence, ce qui lui permet de marcher aussi noyée que possible dans le bief inférieur.

Le déversoir par où l'eau s'introduit dans les aubes, est le

Roue à niveau maintenu de M. Sagebien.

dessus d'une vanne plongeante inclinée et placée aussi près que possible de la roue, dans un bâti de fonte dont la partie inférieure est formée par un col de cygne; ce qui lui permet d'arriver suivant une section très grande.

A quelque distance en amont de cette vanne, s'en trouve une seconde qui intercepte complètement le passage de l'eau pour le cas de réparations, mais qui peut fonctionner aussi comme vanne motrice.

Avec une chute d'eau ne dépassant pas 2 mètres de hauteur, cette roue ainsi disposée peut donner un rendement de 80 à 90 0/0.

Pour des chutes d'eau plus considérables, 5, 6 mètres et plus, M. Sagebien a trouvé une autre combinaison, sans augmenter démesurément le diamètre de la roue, pour que les aubes fassent toujours un angle de 45° avec le bief supérieur, car son système est basé là-dessus.

Il modifie, selon la hauteur de la chute à utiliser, la construction de la roue qui, au lieu de recevoir l'eau par le devant, la recevra par les deux faces latérales, sur des aubes formant un angle de 45° avec le plan vertical, et brisées sui-

Roue à compartiments Marozeau.

vant le plan milieu, de façon à présenter de chaque côté l'inclinaison utile.

Par cette disposition l'eau se partage en avant de la roue, contre la partie supérieure du coursier, et entrant par les côtés, sans dénivellement sensible, fonctionne exactement comme si la roue la recevait par devant.

La *roue à compartiments*, de M. Marozeau, a été créée

surtout pour faire agir l'eau sur la roue d'une manière égale pour des dépenses très variables : en d'autres termes, maintenir toujours la même lame d'eau, malgré les différences de débit de la chute, de façon à conserver quand même la vitesse du moteur.

Pour cela il a divisé non seulement la roue, mais le vannage en un certain nombre de compartiments, qui permettent de régulariser l'effet de la chute.

La division de la roue s'explique facilement par notre gravure ci-dessus ; il suffit de séparer les deux cercles superposés, au moyen de cloisons transversales, ce qui produit, en somme, des aubes à augets rectangulaires.

Celle de la vanne demande explication, d'autant plus

Roue à goitre.

qu'elle est placée en dehors des idées généralement admises par les constructeurs.

Cette vanne, posée verticalement à 46 centimètres de la

roue est formée d'une partie verticale, surmontée d'un seuil courbe, lequel est divisé en trois baies, par deux cloisons correspondant aux divisions de la roue.

Si l'eau afflue, on laisse les trois baies ouvertes Le courant diminue-t-il, on ferme avec des planches, disposées pour cela et munies de boulons, une ou deux des trois baies, de façon que l'orifice ainsi réduit dans le sens horizontal ne laisse écouler l'eau sous la même épaisseur de la lame, qu'avec une dépense double ou triple.

Ce système, quelques bons résultats qu'il ait donnés, ne doit point être cité pour sa puissance initiale; il n'a pour objet, d'ailleurs, que de remédier à un inconvénient.

La *roue à goitre*, destinée surtout aux couches d'eau de peu de hauteur, est un compromis entre la roue en dessous et la roue de côté; elle procède même de la roue à la Poncelet par la disposition de ses aubes.

La construction en est, d'ailleurs, économique, la roue étant peu compliquée. Ses six bras sont assemblés directement dans l'arbre de couche et reliés par une couronne formée de deux épaisseurs, entre lesquelles les coyaux qui portent les aubes sont entaillés et serrés par des clavettes.

Les palettes sont composées, — outre des aubes, boulonnées par le milieu sur les coyaux, — de contre-aubes, s'assemblant d'équerre avec et portant exactement contre le champ de la couronne, qui, à cet effet, est taillée suivant des faces plates.

La roue, ainsi établie, est emboîtée entre deux murs en maçonnerie, dans un coursier de bois d'une forme particulière, qui lui a fait donner son nom, composé d'une fonçure courbe et de parois latérales d'une largeur seulement suffisante pour maintenir l'eau : soit dans la roue, soit en avant de la vanne.

Le coursier est naturellement circulaire dans toute la partie qui emboîte la roue un peu plus haut, son fond est un plan incliné qui monte dans le sens correspondant à l'arrivée de l'eau à l'orifice de la vanne, et qui se raccorde avec la portion circulaire concave, par une partie ronde située à l'endroit du vannage et qui dessine une espèce de goitre, au seuil de la vanne.

Cette forme, combinée avec l'inclinaison en arrière de la vanne, évite la contraction de la veine fluide et dispose les filets d'eau à s'admettre sur les palettes, à peu près suivant la direction de la circonférence, d'où le moteur a une vitesse plus grande et plus régulière.

Pour cela, du reste, la vanne a une disposition parti-

Roue à coursier annulaire.

culière : au lieu d'être maintenue dans des coulisses de chaque côté du coursier, elle est retenue par deux tringles en fer qui lui font décrire, par rapport au fond du coursier, un léger arc de cercle, chaque fois qu'on l'élève on qu'on l'abaisse.

Et c'est là la partie la plus véritablement neuve du système; car, plus de vingt ans avant que l'inventeur le fit connaître, un ingénieur français, M. Callon, qui a laissé, d'ailleurs, une grande réputation, montait des roues de côté avec des aubes disposées de la même façon et des coursiers, qui, pour n'être pas en bois et renflés d'un goitre, n'en donnaient pas moins d'excellents résultats.

ROUE A COURSIER ANNULAIRE

Pour être une roue de côté, la roue hydraulique, inventée, en 1845, par M. Mary, ingénieur en chef des ponts et chaussées, ne doit pas être considérée comme un simple perfectionnement. Il faut plutôt l'envisager comme une création, qui s'est imposée vraisemblablement par des circonstances particulières, en obligeant le constructeur à essayer des moyens qui n'avaient pas été employés avant lui.

Voici comme il décrit lui-même son appareil dans le rapport qu'il adressa à l'Académie des sciences, en la priant de nommer une commission pour faire des expériences officielles :

« La roue, construite aux bassins de Chaillot est montée sur un axe horizontal ; elle est formée de six palettes elliptiques, adaptées à la circonférence d'un cylindre de 12 centimètres de longueur et de 2m,28 de rayon, accompagné de deux disques annulaires plans de 30 centimètres de largeur, perpendiculaires à l'axe, et fixés au moyeu par six bras, composés de nervures et masqués par des feuilles de tôle.

« Pour séparer les eaux d'amont, de celles d'aval, deux plaques de fonte, noyées en partie dans la maçonnerie, viennent s'appuyer sur les disques dont il a été question, et forment, dans leur partie inférieure, les lèvres d'un coursier annulaire en ciment romain, calibré avec les palettes elles-mêmes, qui s'y emboîtent ainsi très exactement.

« Ce coursier se prolonge au delà du plan vertical mené par l'axe de la roue, d'une longueur à peu près égale à l'intervalle entre deux aubes ; du côté d'amont, il s'évase en entonnoir pour faciliter l'entrée de l'eau qui en couvre ainsi l'orifice, et y pénètre comme elle ferait dans une conduite placée au fond d'un réservoir. Il résulte de cette disposition que l'eau de la retenue agit sur les palettes, comme elle agirait sur le piston d'un cylindre.

« Pour diminuer la résistance de l'eau sur les aubes ou

palettes, elles sont taillées en forme de proue par-dessous, et en forme de poupe par-dessus.

« La roue ne perd à peu près rien de son effet utile, pour une même chute, quand l'eau s'élève en amont, jusqu'au point de surmonter le petit cylindre au delà duquel sont placées les aubes.

« Pour que cette roue jouisse des avantages qui lui sont propres, il faut que sa vitesse n'excède pas $1^m,30$ par seconde. »

Cette disposition est excellente, en ce qu'elle permet, sans aucun inconvénient, d'admettre l'eau au-dessus du centre de la roue, où elle établit son niveau au-dessus des palettes, qu'elle entraîne par son poids, mais sans choc, sans remous

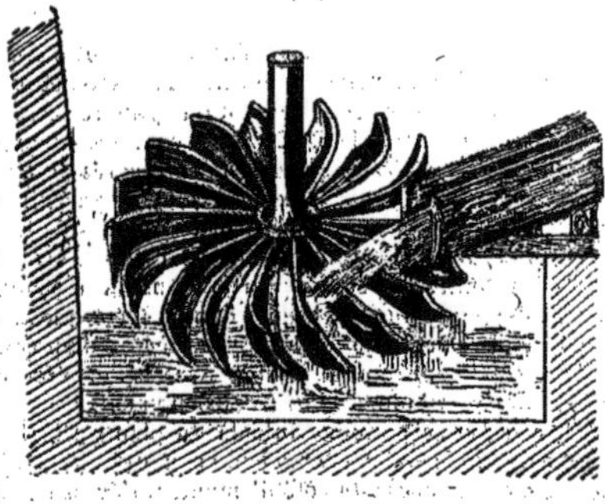

Roue à cuiller.

et, conséquemment, presque sans perte de force vive; les expériences ont, d'ailleurs, constaté un rendement de 82 à 85 0/0.

## ROUES HORIZONTALES

Les roues hydrauliques horizontales passent pour moins anciennes que les roues verticales; néanmoins, elles doivent remonter très loin ; car, de temps immémorial, on s'en est servi, pour la mouture du grain, en Lorraine, en Languedoc, en Provence, en Angleterre et, ce qui serait peut-être plus concluant, jusque dans les tribus arabes de l'Algérie.

Ces moteurs sont de trois sortes : les roues à cuillers, les roues à cuves et les roues à réaction, qui sont devenues des turbines.

## ROUES A CUILLERS

Les *roues à cuillers*, appelées aussi roues à rouet volant, présentaient cette disposition avantageuse en meunerie, que, montées sur le même axe que la meule, elles transmettaient directement le mouvement sans aucun intermédiaire de poulies ou d'engrenages, d'où il est à croire que ce sont les plus anciennes.

Nous parlons au passé ; car, malgré leur simplicité, on ne les emploie plus guère, parce qu'elles ne produisent pas un grand effet utile ; ce qui ne doit pas nous empêcher de les décrire, ni de leur consacrer un dessin.

Elles se composent d'un axe vertical se prolongeant en hauteur pour recevoir la machine à mettre en mouvement, et se terminant à la partie inférieure, par un assemblage de palettes recourbées et concaves, presque en forme de cuillers, présentant à leur circonférence libre une inclinaison à peu près héliçoïdale; ce qui prêterait à croire qu'elles se sont inspirées de la vis d'Archimède.

Quelquefois pourtant, ces palettes sont reliées extérieurement par une couronne en bois.

Leur fonctionnement s'explique aisément : l'eau arrive par un conduit découvert qui la dirige contre les palettes auxquelles elle imprime un mouvement proportionné à la hauteur de la chute et à la largeur du canal, mouvement qui devient moteur en se transmettant à l'axe vertical, mais

Roue à cuve.

moteur très imparfait, d'abord parce que l'eau n'agit que par choc, ensuite parce qu'elle conserve dans la direction horizontale, une vitesse au moins égale à celle de la roue et enfin parce qu'une partie de la hauteur de la chute est perdue.

Du reste, l'expérience a démontré que le rendement de ces moteurs ne dépassait guère 15 à 20 0/0.

Quelques modifications ont été apportées aux roues à cuillers, sous le nom de *moulins à trompe* ou à *cannelle*, mais elles consistent surtout dans le remplacement du chenal conducteur de l'eau, par une base pyramidale qui gaspillait moins la force motrice et la répartissait plus efficacement sur les palettes. Avec ce système on a obtenu jusqu'à 30 et 33 pour cent de rendement.

## ROUES A CUVE

Les *roues à cuves*, ainsi nommées du réservoir au-dessus duquel on les établit, n'ont dû être connues que plus tard : mais, elles ont pris, dans le Midi surtout, possession presque complète de la minoterie.

Le fameux moulin du *Basacle*, une des curiosités de Toulouse, avec ses 25 paires de meules, a été longtemps, s'il n'est encore mû, par des roues à cuves, qu'on appelle, dans le pays, *rodet* ou *rouet*.

Voici, d'après M. Armengaud, qui l'a décrit *de visu*, en quoi consiste ce moteur :

« La roue est formée d'un bloc de bois d'orme, composé de deux parties rassemblées au moyen de deux cercles de fer. La masse est évidée à l'intérieur en laissant sept palettes courbes, dont les éléments verticaux sont à peu près les hélices, et au centre un moyeu cylindrique traversé par un axe carré et vertical.

« Cet axe en bois se prolonge vers le haut pour porter directement la meule courante et, immédiatement au-dessous de la roue, il est muni d'un pivot par lequel il repose sur un levier en bois, servant à régler ou à soulager la meule courante qu'il porte à son sommet.

« La roue est installée à la partie inférieure d'une sorte de puits, ou cuve cylindrique, en maçonnerie, dans lequel l'eau arrive par un canal latéral, dont l'entrée occupe toute la hauteur à partir de la roue; l'une des parois de ce canal est tangente à la surface circulaire du puits.

« Son embouchure est beaucoup plus petite, en section, qu'à son origine près de la vanne de charge, ce qui fait que l'eau arrive dans le puits avec une vitesse considérable, qui la fait tourbillonner en suivant la paroi circulaire qu'elle tapisse en quelque sorte; puis, en descendant, elle rencontre les aubes de la roue qu'elle entraîne dans son mouvement circulaire initial et s'écoule définitivement dans le bief d'aval, en traversant la roue. »

Ce système, bien qu'ingénieux et surtout économique, n'est pas très efficace; car le rendement du moteur dépasse rarement 30 pour cent, dans les moulins les mieux organisés, mais dans les localités où l'eau est en quelque sorte à discrétion, il peut rendre de grands services.

Rien n'indique qu'on ait perfectionné ce genre de moteur, du moins pratiquement; car, au point de vue théorique, on s'en est beaucoup occupé; à moins qu'on ne considère comme tel les *roues à poire*, qu'a décrites si longuement Belidor, et qui ne sont, en somme, qu'une variété de l'espèce, puisqu'elles se composent (s'il en existe encore) d'un noyau conique portant des lames héliçoïdales et tournant à l'intérieur d'une cuve de même forme. Reste à savoir encore si c'était une amélioration.

*
* *

Il nous resterait à parler des roues à réaction, mais comme c'est la première idée des turbines, nous nous en occuperons dans le volume suivant.

L. Huard.

# TABLE DES MATIÈRES



Sceaux. — Imp. Charaire et Cie

www.ingramcontent.com/pod-product-compliance
Ingram Content Group UK Ltd.
Pitfield, Milton Keynes, MK11 3LW, UK
UKHW021057270726
13967UKWH00012B/2409

9 782012